魅力室内空间设计 160 例

深圳市创扬文化传播有限公司　策划
徐宾宾　主编

西餐厅

中国建筑工业出版社

Contents

目录

项目名称：后花园咖啡厅　设 计 师：林元君　设计单位：宽北设计机构　项目地点：福建福州
建筑面积：80平方米　主要材料：仿古砖、金刚板、杉木板、乳胶漆搓色、文化石、松木树根

后花园咖啡厅

本案是一个80平方米的咖啡厅，共有两层，在这个小小的咖啡厅里，可以感受到咖啡的不同魅力。昏黄的灯光让空间显得慵懒闲适，疲惫了一天的身心可以在这里得到放松。书架上摆放着杂志，在品咖啡的时候也可以欣赏一些优美的画面。狭小精致的楼梯通向二层，在这里可以欣赏到外面的美景，还可以畅谈心情。墙壁上挂着马灯，让整个空间显得更有浪漫情调。

咖啡厅功能布局巧妙有趣，空间绚丽多彩，风格中融入了许多时尚元素，在典雅高贵的氛围中充分展现了浪漫、简约、时尚的独特气质。整体的设计结合了古典与现代要素的精髓，缔造了一个兼具时代感和怀旧意味的情趣空间。

merry

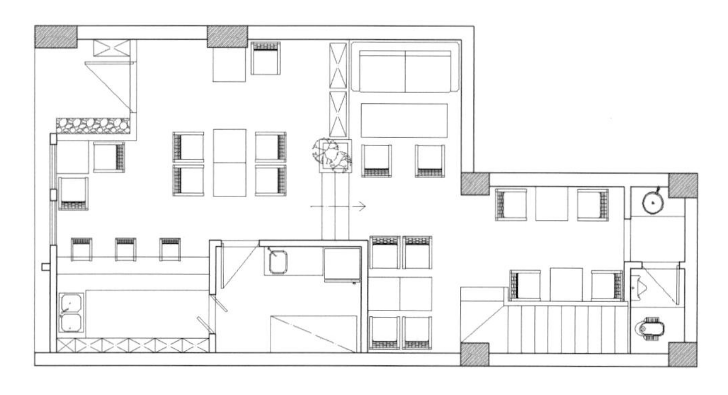

一楼平面布置图

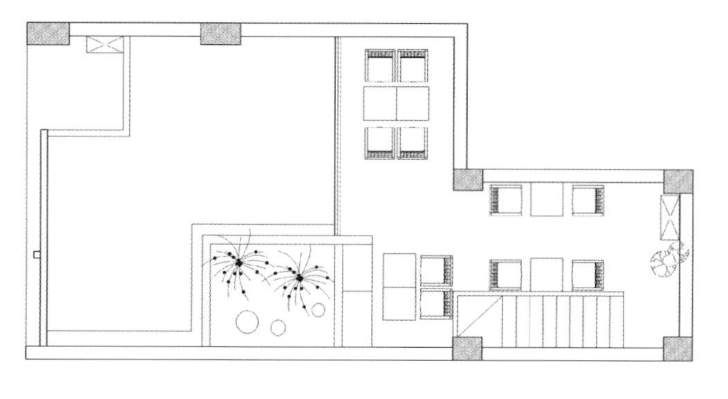

二楼平面布置图

项目名称：墨啡文化吧　设 计 师：萧爱华　设计单位：萧氏设计　项目地点：上海
建筑面积：290平方米　主要材料：橡木、沙岩板、青石板

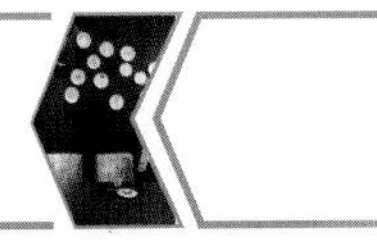

墨啡文化吧

如果有这样一个地方能让你消磨整个下午的慵懒时光；能让你与三五好友聚会闲聊；能让你与商务伙伴洽谈公务；甚至带上孩子还可以度过一个简单愉快的家庭日，是不是特别让人期待？墨啡文化吧咖啡馆的主人就有这样的一个心愿，于是“墨啡”就在她的梦想中一点一点变为现实。

墨啡文化吧位于古北广场，周边分布着高档住宅小区。本案建筑面积290平方米，共分为三层。一层为书店，主要经营一些外文、旅游、艺术以及名著等书籍。二层是在整个空间中额外搭建出来的，主要的功能就是亲子活动区域，供儿童游乐使用，还组织老师教授孩子们琴棋书画。三层主要经营一些商务简餐、咖啡以及茶水。

整体的设计都是为了营造一个安静、典雅的休闲环境。主色调为黑白两色，另外配以大面积墙体彩绘，不失活泼灵动。色彩比例的协调，让人的心灵得到沉静。一楼书吧里白色柜子穿上顶天立地的灰玻屏风，与顶部的造型连贯又呼应。两侧的书架色彩纯粹，这样琳琅满目的图书则更加凸显。走到书店的深处，会听到潺潺流水声。寻声走去，映入眼帘的是一幅大的卡通

壁画，从一楼一直延伸到三楼，与楼梯间的吊灯相映成趣。二楼为儿童活动区域留足空间，地上的地毯更是想让人上去走走，甚至索性在上面打滚与孩子们一起享受童年乐趣。设计师为三楼的设计加入了一点古典欧式元素，色彩与整体一致，还是以黑白为主。即使没有华丽的装饰，但设计师依然花费了大量的心思。顶部线条的处理手法，以及在大片纯黑色的墙壁上用盘子来装点，显现出设计的独特性。

“墨啡”，一个温婉女孩子的梦想，遇到了帮她实现梦想的设计师，终于美梦成真。这不是一个童话故事，因为它比童话更美好。

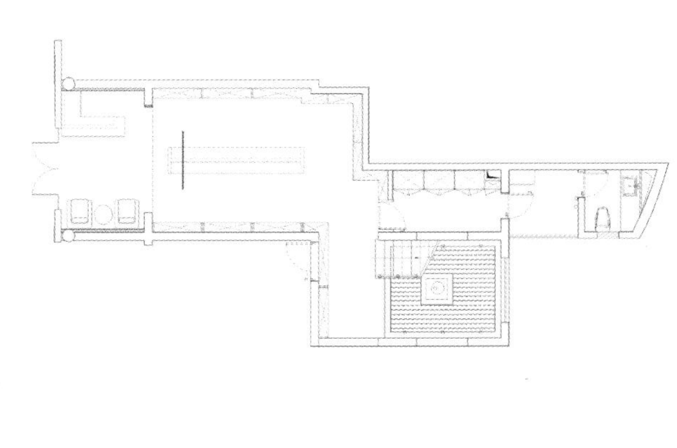

一楼平面布置图

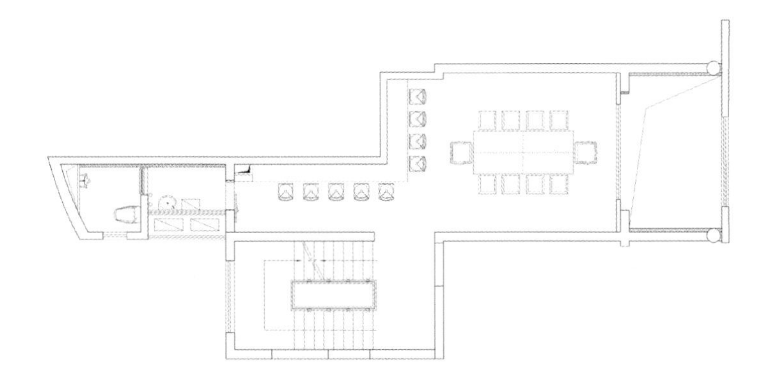

二楼平面布置图

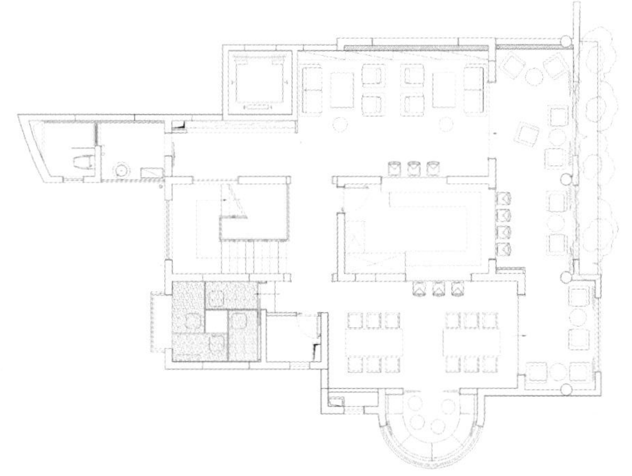

三楼平面布置图

项目名称：Theodor TLV　设计团队：Alejandro Fajnerman、Ofrit Eshel、Noga Weiss、Levav Shachar， Tamar Tuzman
设计单位：SO Architecture　项目地点：以色列特拉维夫　建筑面积：260平方米　项目摄影：Asaf Oren

Theodor TLV

在特拉维夫市中心，一个新的特奥多尔咖啡小酒馆诞生了。它一方面散发着美食的氛围，同时又是一个建立在以色列过去60年的文化基础之上，表现出文学、歌曲、艺术和建筑的气氛……创造这种气氛主要归功于设计师营造了一种唯美的对比——旧建筑及现代几何的内部。室内天花板、酒吧和图书馆，彰显了自由几何、木元素的相互作用与天花板、地板和照明装置、干净和细节。

该所提供的不同类型的座位安排，包括从简单的桌椅酒吧座椅，和非传统的坐在旁边的窗口和周围的木制座椅等。

一个丰富和协同的相互作用产生的二维图形和三维结构，就这样完美展现出来。

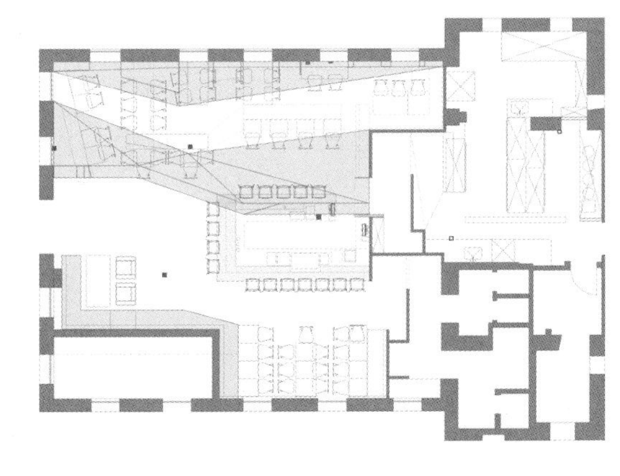

平面布置图

项目名称：迷食餐厅　　设 计 师：聂剑平　　设计单位：深圳市世纪雅典居装饰设计工程有限公司
项目地点：深圳　　建筑面积：700平方米　　主要材料：玻璃水泡、LED灯、玻璃钢材

迷食餐厅

“迷食餐厅”主推无国界菜，设计者试图用最原始最质朴的材料营造一个优雅时尚的高级餐厅环境。设计光线颇具匠心，在原有破旧铁皮厂房上做设计最大的好处是可随意开窗，于是点线结合的天窗让阳光倾洒进来，而天窗下的白色树枝与玻璃水泡则让光线变得柔和又富于变化；夜晚LED灯将水泡反射成一种蓝色水珠悬浮于空中，极尽浪漫。客家围屋的土墙砖与现代的玻璃钢材形成强烈对比，相映成趣。室内灰洞石水池里锦鲤游弋与绿化组合出都市田园的意境。餐厅里的挂画是一些青年艺术家的作品，可以售卖，而一些清末民初的彩雕屏风与时尚的现代家具搭配让餐厅尽显文化品位。

项目名称：时尚烘培咖啡屋　　设 计 师：房元凯　　设计单位：凯奕设计顾问有限公司
项目地点：台湾台北　　建筑面积： 125平方米　　主要材料：彩色砂岩、金属烤漆、烤漆玻璃、进口特殊瓷砖

时尚烘焙咖啡屋

本案拥有令人着迷的时尚元素，设计师透过大尺度的铁件雕花去营造这个空间主景，不论昼夜都可感受到光影的流转。整体空间除了肉眼可见的材质色泽、糕点陈列、灯具配茶、格局配置外，设计师期望从空间的铺陈中去整合人们的五感体验，从触觉、视觉、嗅觉、听觉，甚至是潜藏在内心深处的知觉，去创造一个和谐的全感空间，而这样的概念与法则，不仅可用于舞台剧场中，更是全然适用于居家空间或是商业空间。事实上，设计师将如此的概念具体落实在这个烘焙店铺个案中，值得您一再亲临品味。

项目名称：深圳喜悦西餐酒吧　设 计 师：陈武　设计单位：深圳市新冶组设计顾问有限公司　项目地点：深圳　建筑面积：700 平方米
主要材料：墙面灰大理石、地面大理石、旋转大门古法琉璃、浮雕实木搽色做旧、仿古木地板、天花浅香槟金银箔、紫铜、仿古实木板

深圳喜悦西餐酒吧

本案位于深圳最繁华的商业区，设计师意图做一个闹中取静、考究又不失亲切的高级西餐酒吧，为城中奔忙于工作的达人们打造一个享受timeout的商务、休闲空间。

项目位于万象城二期三楼，在一、二楼错落的门店中探出“喜悦”的LOGO，虽不张扬，却清朗笃定。旋转大门钝重端庄，仿佛要隔开身后万千烦忧。紫铜造型树叶散落在波斯海浪灰大理石上，给顾客第一眼的安宁。而惊喜随之而来，大片绿色植被织就成一整面“会呼吸的墙”，伴随着潺潺流水声，让室外钢筋水泥森林的疏离感立即被消解。将活体植物大量运用于室内空间，既是先进新技术的大胆应用，更传递出设计师的关怀与巧思。在浮躁的现代都市里，哪怕一片纯绿，一些自然生息的空气，都是妥帖的慰藉；而在后工业气质的硬朗空间里糅合进勃勃生命力，也不可不谓是对模式化风格的挑衅。所谓随喜自由，彰显于此。

喜悦西餐酒吧，集餐厅与酒吧两种业态一体，同时还兼营party聚会，顾客群体定位为高级商务和精英人群，均有着广博的见识与一流的品位。因此，兼顾用餐的仪式感与酒吧的闲适感，同时确保具有经得起挑剔的品质成为平面布局与风格选择的难点和出发点。

设计师通过精致选材和内敛用色，奠定了本案新古典的整体调性。在餐厅风格上选用新古典，设计师是经过斟酌的——在现今风格多样的餐厅中，新古典沉淀出的历久弥新感可谓独树一帜；新古典塑造出的安详、柔和又不失风韵的气息也符合设计师对本案的思考：真正的享受，无须矫揉造作，更不可令人无所适从，它应呼应生活阅历、品质需求，是一种内化了的心之所求。

吧台和私人就餐区在统一的风格中作了微调——长条形的水吧台整齐地陈列着酒、酒杯等，棕色皮质高脚椅简约中不失品质；两排卡座映衬出大堂的开阔，和吧台不同，私人用餐区有休闲浪漫的“二人区”，圈椅的用色比较出挑；有选择丝绸质地靠背椅的“四人区”；白色的法式座椅适合家庭聚餐；而沙发区是为较多朋友的聚餐准备的……如果想要呼吸自然的空气，还可以选择室外露台区。形态多样而灵活的平面组合，既保证了顾客交谈时的隐私需求，也实现了动线的井然有序，便于顾客与侍应生的双线运动。

采购于意大利的主灯照明恰当，使得用餐氛围更加亲切温馨，室外的仿街灯设计也让在夜晚中用餐的人们感受到餐厅的关怀和设计师的用心。在“抬头望高楼，低头见车流”的繁忙中能享受缓慢而从容的时光，油然生出一份喜悦之情。

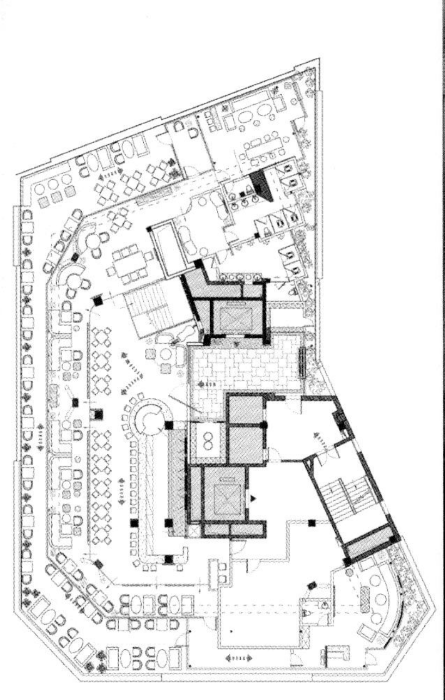

平面布置图

项目名称：叙品咖啡厅　设 计 师：蒋国兴　设计单位：昆山叙品设计装饰工程有限公司
项目地点：江苏昆山　建筑面积：1440平方米　主要材料：复合板、实木地板、黑色漆、金箔等

叙品咖啡厅

有人用咖啡释放激情；有人用咖啡寄托相思；有人用咖啡激发灵感；有人用咖啡放松心情；有人用咖啡驱除疲乏；有人用咖啡抚慰心伤……闲暇时，走进咖啡店，一杯咖啡叙品人生百味。

本店位于昆山市中心最繁华街道人民路上面，拥有极为优越的地理位置及宽敞的布局，尽揽都市繁华，坐享静谧天地。

环境的气氛营造上是安静、高雅精致的，回避喧嚣，减去了一份奢华，将餐饮与文化融合在一起，用现代化的手法表现环境气质。室内景观装饰元素展现出另种的意象气节，入口处大面积木块叠加装饰墙为环境提供了一个很纯粹的背景，给人遐想空间，与吧台收银台以及灯饰形成完美结合。为奠定餐厅现代简约风格，适度使用金箔饰面，渲染空间环境的尊贵，但是不奢华，传递出的是一份厚重的高贵，让来这里的人们开启一场属于心灵、味蕾的双重之旅。

在细节处理上，许多变化多端的材料给人触觉上的完美体验；当温馨、和煦的光线洒在棕色的地板上时，散发出一种迷漫的氛围，而且现代、简洁、时尚的沙发椅更散发出一种高贵的清新。时尚现代的叙品咖啡结合消费者的心理诉求将设计理念渗透到每个细节，深得消费者认同，客流量与日俱增。

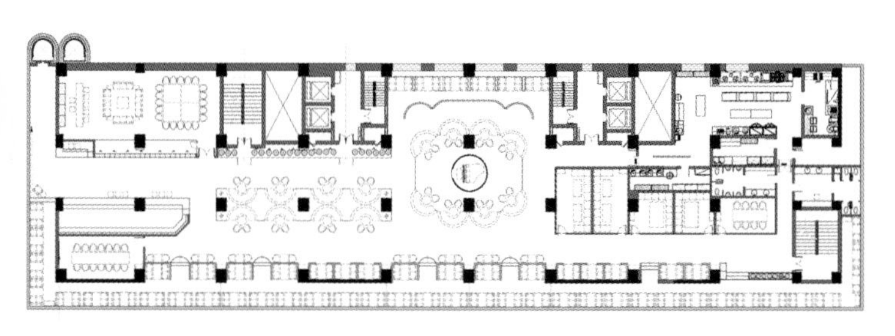

平面布置图

项目名称：Mezomd Coffee曼索蒂咖啡　设 计 师：欧阳智光　设计单位：PIA天筑空间设计顾问
建筑面积：350平方米　主要材料：木纹石、木纹砖、麦哥梨木、玫瑰金不锈钢、乳胶漆、水泥墙

Mezomd Coffee曼索蒂咖啡

Mezomd Coffee（曼索蒂）咖啡，源自哥伦比亚咖啡的味道。2010年正式进入中国，最天然最纯正的咖啡由此开始，一个真正由咖啡庄园到咖啡豆变为纯正的咖啡的大企业从此面向中国消费者。咖啡店如今满街遍是，咖啡顺理成章地成为了中国潮流的消费品，咖啡经营由当初的纯休闲变得更多元化。Mezomd Coffee集咖啡文化、咖啡体验、咖啡品尝于一体，让中国消费者更好地体验最原始最纯正的咖啡，有别于其他咖啡品牌的模式。故在专营店的设计上主要体现“休闲”、“体验”、“文化”的快速消费理念。连锁店的设计最需要考虑的就是连锁店的成本，花最低的成本做最好的效果，如何突破这一关尤为重要。在用材方面，本项目选用了最为原始最为简单的材料“水泥”、“木纹砖”，水泥和木纹的完美结合诠释了咖啡的味道。在水泥的墙面上加以咖啡叶的点缀及现代不锈钢质的咖啡豆使得整个空间的主题清晰明确。局部的主墙运用了南美原土著部落的一些玛雅文化图案作为点缀，由此体现出企业品牌的来源地，让每一位消费者记忆深刻，达到一种强烈的品牌认识效应。

Father's Day

哥伦比亚1800米咖啡的味道

哥伦比亚1800米咖啡的味道

项目名称：HERE CAFE
项目地点：广东佛山
设 计 师：杨铭斌、李嘉辉、何晓平
建筑面积：669平方米
设计单位：C.DD（尺道）设计师事务所
主要材料：木材、红砖、茶灰镜

HERE CAFE

本项目位于佛山禅城中心亚艺板块——天湖郦都的钟楼上，得天独厚的地理位置与周边环境是咖啡馆的专属环境艺术空间。以传统设计理念为前提，试图投入最小的装饰完成建筑空间的设计。也就是说，在这样优秀的专属环境空间中，没有刻意将立面用材料去进行装饰，而是结合灯光照射，在相关立面上安装茶灰镜，以一种灰度的色彩映射在整个空间中。设计师对空间的划分就如对着钻石切割一样，将一个对称方正的室内空间切割成高低错落的功能空间，打破对称方正的严肃感，营造一个与外部环境融洽的休闲舒适空间，空间的对话使HERE CAFE灵动心扉，在背景音乐下，让你如此放松地陶醉于此。

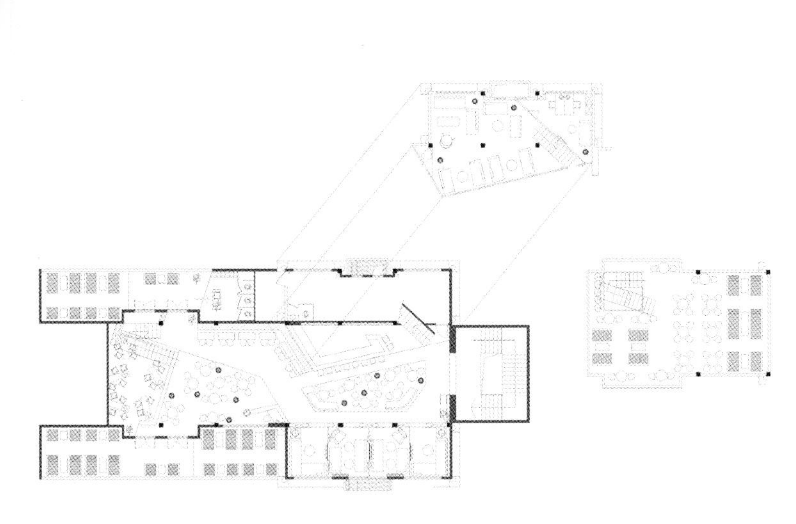

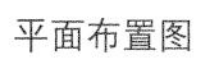

平面布置图

项目名称：融侨集团旗山别墅73号西餐厅　设 计 师：刘焴文　设计单位：福州国广装饰设计工程有限公司
项目地点：福建福州　建筑面积：215平方米　主要材料：仿古砖、664火烧板、素水泥、艺术壁纸

融侨集团旗山别墅73号西餐厅

本案为福建融侨地产旗山别墅配套的公共简餐厅。考虑到地产企业是以房屋作为企业的产品，所以在设计方案时把“家”作为此案设计的主题和设计切入点。虽然现在住进了现代文明的红砖高楼房子，但是想起儿时住在土木结构的旧屋：母亲在光线昏暗的厨房忙里忙外着为我们准备着饭菜……每每想到这里总是心头一涌、倍感亲切。所以此案贯穿整个空间的色彩以灰调为主，材质选用了仿古砖、火烧石、枯枝、竹子和素水泥等。玻璃球的应用增添了空间感，同时也在回放着生活的一幕一幕。一些怀旧的色彩和材料，让空间充满岁月的情怀，一直在讲述着过去。

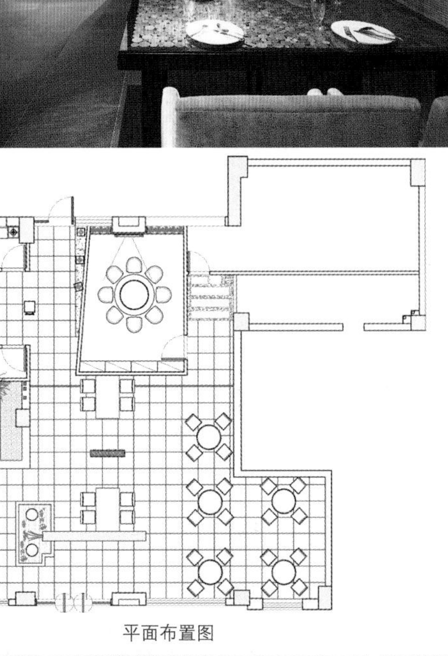

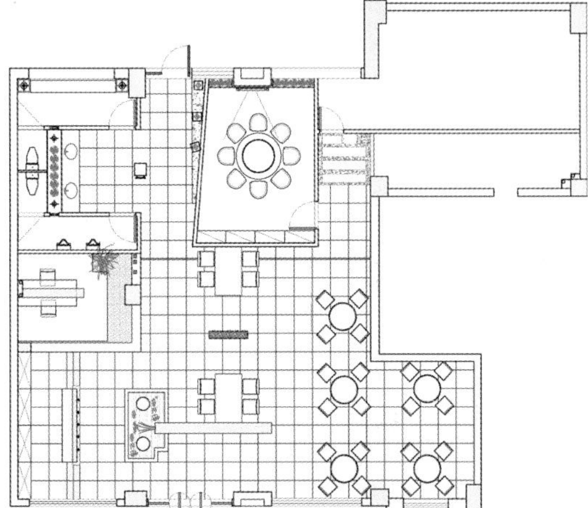

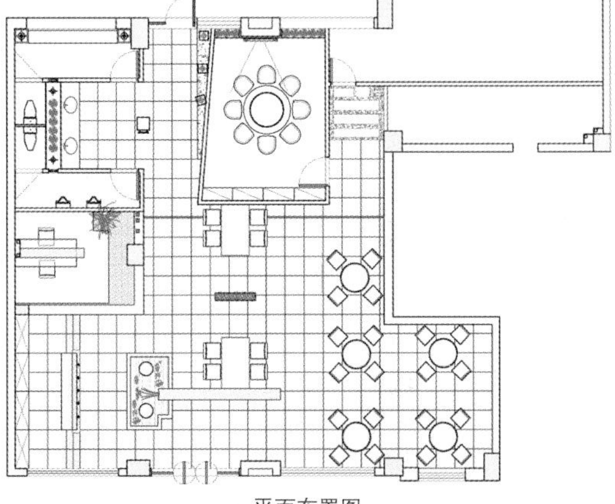

平面布置图

项目名称：帕尼尼西餐厅　　设 计 师：王锟　　设计单位：深圳市艺鼎装饰设计有限公司
项目地点：陕西西安　　建筑面积：约250平方米　　主要材料：仿古砖、664火烧板、素水泥、艺术壁纸

帕尼尼西餐厅

帕尼尼意式休闲连锁西餐厅以西餐、咖啡、蛋糕、甜点的经营为主，以“精致美食的平价革命”为经营理念，打破人们将意式餐厅与价格昂贵联系在一起的固有观念。此分店位于西安市雁塔区，旅游名胜与高校云集，设计师根据餐厅菜品的风格以及目标人群的特点，将本案定位于时尚简约风格。在设计上的总体原则为把握时代潮流，展现都市时尚，并运用精巧的设计手法和简洁的材料营造出一种简约而又温馨的就餐氛围。设计师对空间进行合理的布局，两百多平方米的空间可同时容纳一百多人就餐，且不会显得拥挤。就餐区卡座、高吧台、铁板台一应俱全，可以满足不同人群的就餐需求。在灯光的使用上，设计师使用了大量暖黄色的灯光，并且将大部分的灯光隐藏在顶棚和墙壁的间隔处或者灯罩内，这些非直接照明灯光最大限度地营造出了一种闲适安逸的环境氛围。

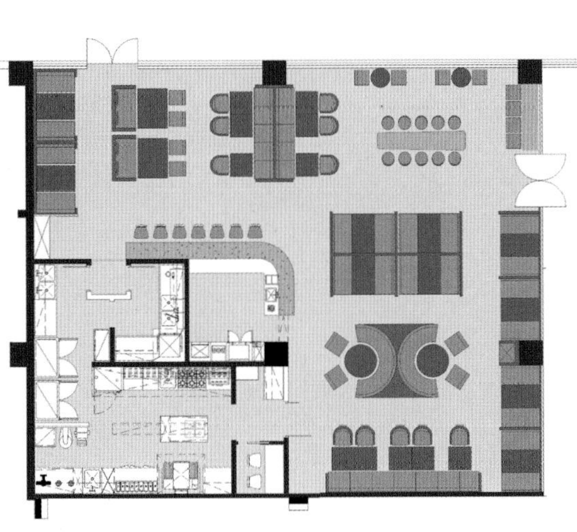

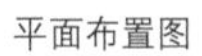
平面布置图

项目名称：丰富的换装2011咖啡馆　　设 计 师：Ismini Karali　　项目地点：希腊雅典

丰富的换装2011咖啡馆

概念设计师Ismini Karali和她的团队的设计师最近在希腊雅典推出丰富的换装2011咖啡馆。

该咖啡馆拥有360个席位，位于最时髦的雅典南部郊区。经过全面翻新，它在2011年11月敞开了大门。

餐桌上方的散射灯发出暖黄色调的光线，既温馨，又不失一点暧昧，显得风情万种。设计师希望创造一个简易的生活项目，不使用昂贵的材料，却能做出低调奢华的感觉。

餐厅的设计突显出浓厚的人文关怀，让人即使是在聚会的热闹气氛中也能体会到宁静底蕴。这种闹中取静的生活方式，对于生活在现代喧嚣都市中的我们来说，不正是一种很好的生活价值取向吗?

项目名称：镜子咖啡　主设计师：林道恩　参与设计：赖田丰、刘晓　项目地点：上海
建筑面积：120平方米　主要材料：白洞石、复合地板、GRG石膏线、仿石漆 、木纹砖、艺术墙纸　项目摄影：万翔

镜子咖啡

与以往分店不同，镜子咖啡恒隆分店的设计运用了简欧现代的风格。店铺外观清新简约，店铺内部墙壁上的白洞石更是为这种简约怡人的气息增色不少。GRG石膏线和艺术墙纸巧妙地融为一体，互为映衬，为空间增加了层次感。

座椅在设计上亦有所区别，让人身心放松而又不失造型优雅。自由、轻松，没有多余的花哨，光线的投影衬托出空间的质感。静谧的空间流露出一种安静的美，在充满阳光的午后，坐在椅子上，品着一杯浓郁的咖啡，享受属于自己的快乐人生。

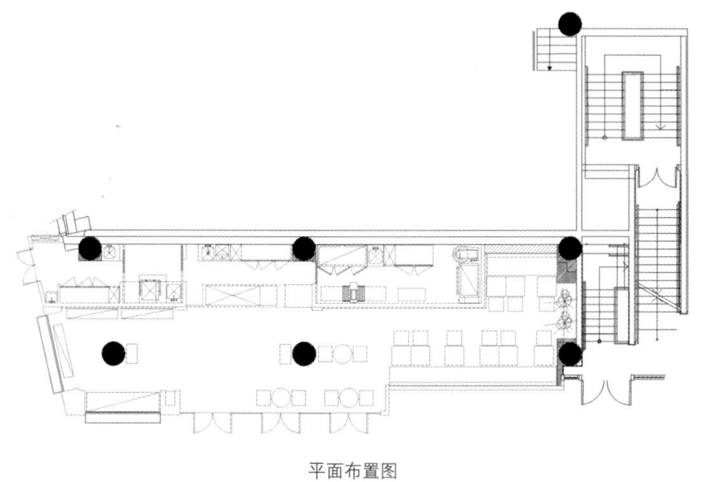

平面布置图

项目名称：Miss City西餐厅　　设 计 师：明罡、明光华　　设计单位：深圳市明示建筑装饰设计工程有限公司
项目地点：广东深圳　　建筑面积：约200平方米　　主要材料：墙纸、玻璃、微晶石、黑镜

Miss City西餐厅

Miss City西餐厅是一家以现代女性为主题的高级西餐厅。

有人说女人是水做的，然而Miss City西餐厅室内外环境演绎的绝不只是水灵柔弱女性，而是现代女性。

无论是餐厅内还是外环境，都以白色为主调。内空间墙面的纹理细腻，地面的微晶石晶莹剔透；波浪弧线磨砂玻璃辐条以柱子为圆心向四周发散，暗藏LED灯带使其折射出绚丽变幻的光彩；洁白车花餐桌、舒服的布艺沙发，处处体现极具亲和力的高贵气质。

纯白外空间的欧式建筑点缀以窗台花栏；造型古典优美的铁艺框架，撑起一片“天空”（阳光板），空中喷泉和 “天空”上的流水在阳光照射下相映闪耀。

自然不造作的现代女性应该是城市一道亮丽的风景线，Miss City西餐厅宛如平静水面上的这道风景线的倩影。

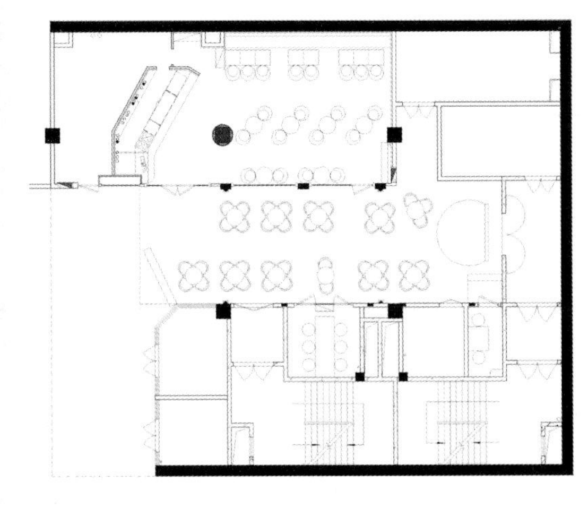

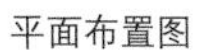

平面布置图

项目名称：合肥卡伦比咖啡连锁　　主设计师：蔡宗志　　参与设计：詹玉宝、童孝友　　设计单位：北京法惟思设计
项目地点：安徽合肥　　主要材料：木材、方管、石材、水泥　　项目摄影：孙翔宇

合肥卡伦比咖啡连锁

走在意大利及法国的任何街头上，常常都会被一种蒸汽声伴随着咖啡香所吸引。入内，一阵嘈杂声夹带着勺与盘的碰撞声，烟雾缭绕。一杯咖啡espresso，马上能体验当地人的生活与咖啡文化的关系，如果再点个甜点，那真是完美的结合。

设计师以这种氛围结合合肥当地的消费模式，提出以咖啡操作台作为咖啡厅的视觉焦点这样一种概念。无论是意式咖啡的蒸汽抑或是虹吸式咖啡的慢火，让煮咖啡的人与喝咖啡的人之间都能产生一种交流，一种互动。

在设计上，以咖啡操作台为中心，尝试把咖啡地图与咖啡厅的空间序列结合成为咖啡厅的一种新风格，用一组抽象的经纬度数字关系来诠释实际距离感与空间的高低差，让咖啡厅与咖啡地图串起来。

跳跃灵动的元素充斥着空间的每一个角落，以简约明快的米黄色及白色为主调贯穿整个空间，简单的形式却有了前所未有的视觉冲击力和震撼力。良好的采光效果让空间立体感得到了很好的延伸，不经意间凝眸驻足，仿似一件精致的艺术品让人细细欣赏品鉴，耐人寻味。

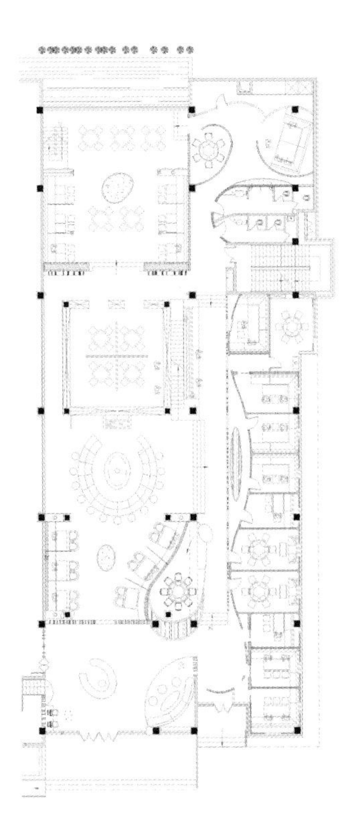

一楼平面布置图

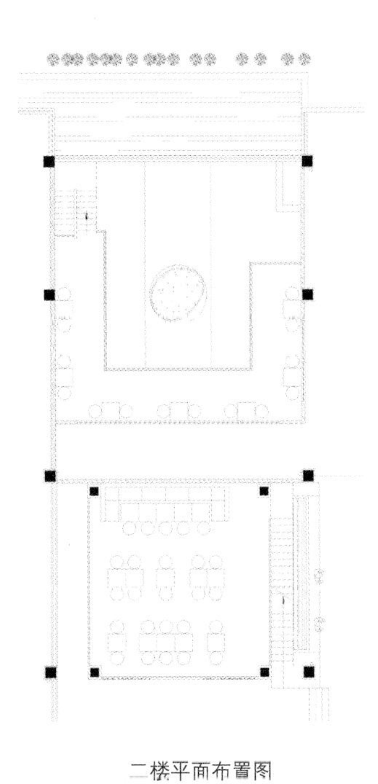

二楼平面布置图

项目名称：俪香咖啡北京望京商业中心店　主设计师：蔡宗志　参与设计：詹玉宝、童孝友　设计单位：古鲁奇建筑咨询（北京）有限公司
项目地点：北京　主要材料：木材、方管、石材、水泥　项目摄影：孙翔宇

俪香咖啡北京望京商业中心店

本项目是以圆形迷宫的概念作为空间主题，圆的概念在空间里不断出现，不管是上下空间颠倒的场景、Ariadne手绘的圆形迷宫、梦中的内外镜位、不断旋转的陀螺、或是剧本开场与结尾的串联。圆形迷，每个人走不同的方向，左来右转，但最终都要走向圆心， 圆心是一个空旷的圆圈，里面只有两杯温暖香醇的俪香咖啡。

运用精彩的空间视觉语言，希望人们在一种从未体验过的奢华环境中，犒劳自己的味蕾。光影微妙变化所创造的虚实互补，虽然并不张扬，却能潜移默化地影响着各个区域的气质，带给宾客温和、内敛、充满人情味的消费氛围。暖晕的灯光让空间溢出艺术的气息，迎合了空间高贵典雅的气质，整个餐厅看上去典雅却不缺乏家的温馨。

设计师将色彩与造型进行有机的结合，再以崭新的角度诠释传统文化。整个空间如同一壶浓郁的咖啡，洋溢着一股清新的气息，令人流连忘返。

餐厅内部环境雅致且轻松简约，布局独具匠心，质感的材料、硬朗的元素，其刚柔并济的视觉效果为我们带来优雅舒适的就餐环境。在布局上，设计师运用完美的衔接技巧，使得每个区域都功能明确，没有硬性的区分界限，一切都显得那么自然融洽，吸引着人们去细细研究。

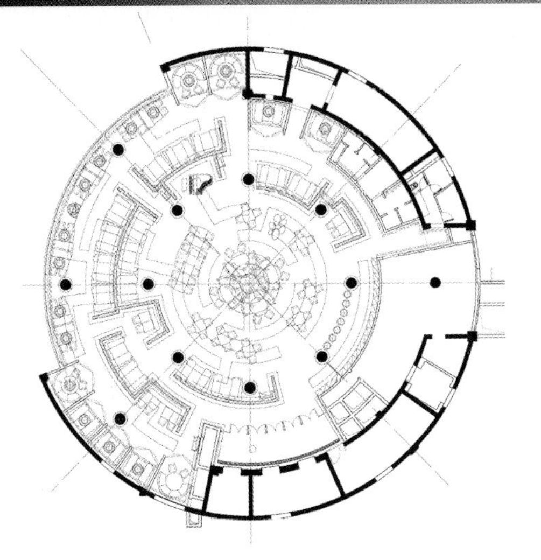

平面布置图

项目名称：武汉汉阳绿茵阁西餐厅
项目地点：湖北武汉
设 计 师：韦文生
主要材料：玻璃、斑马板、方钢、地砖等
设计单位：广州文智装饰设计工程有限公司

武汉汉阳绿茵阁西餐厅

设计师用大气的手笔全力营造出“奢华中的风尚，雅致中的唯一”。为突出餐厅的唯一性，设计师巧用设计元素，加以创造糅合，既突出了武汉的地域文化，又融合了中国传统的文化符号。

本案设计既继承了中国的传统文化，又兼顾了现代人的生活方式，使两者相辅相成。在布局、造型、工艺以及功能空间的设计中均体现出奢华的韵味。不管是外观、还是在餐厅内部，都表现出无与伦比的空间表情。

没有繁复的色调，整个空间只有一种如同暮色的暖调——温煦的木色。空间的布局带来一种顺畅感，从材料的选择到光线、色彩的运用以及构建在空间之上的休闲感受都体现出本案的精髓。整个空间设计理念为时尚、尊贵、典雅、精致，色调高雅柔和，配以深咖啡色的质感，尽可能地满足人们对品质的诉求。

项目名称：西岸咖啡　　设 计 师：王春添　　设计单位：福州佐泽装饰工程有限公司
项目地点：福建福州　　建筑面积：600平方米　　主要材料：钢化玻璃、欧文莱瓷砖、德派地板、雅宝斯家具

西岸咖啡

这是一个位于福建省福州长乐国际机场内的“西岸咖啡”厅，故设计的主旨以中国特色文化为题，红色的墙，圆形窗格，传统壁画，加以严谨的空间规划，从材质、色彩和细节的处理为空间注入自然、质朴的气息，塑造一个品质窗口，传达一种东方文化。

惊艳不需要绝对的夸张，细节的完备才可以成就个性的完美。设计师将时尚与传统的符号相互融合，巧妙地运用到每一个环节，趣味和创意如舞动的精灵吸引着人们。餐厅里随处可见的绚丽花朵墙面，精致考究的吊灯，流淌着灵动气息的物品摆设，都成为餐厅的亮点，体现设计师的匠心独运。

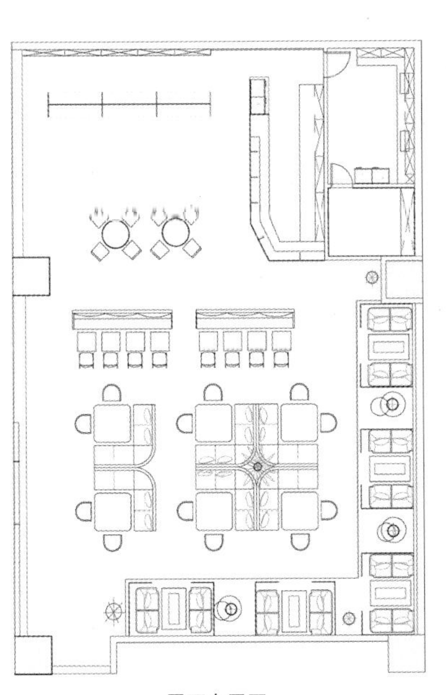

平面布置图

项目名称：亿歌咖啡
项目地点：河南郑州
设 计 师：李君岩、魏尚、杨森、史敬霞
建筑面积： 545平方米
设计单位：双联设计
主要材料：红砖、水曲柳索色、壁纸、质感涂料

亿歌咖啡

设计风格定位是在回归自然的基础上，加入现代流行的时尚元素。经过和三位工薪阶层业主的反复筹划，我们这样定义设计风格：既能让生活在纯现代时尚潮流的成功人士找到精神的放松地，也能让收入一般的工薪阶层有机会体验休闲高雅时尚的生活方式，这样的设计目的让人激动，感觉就是在为我们自己而做，因此我们在做设计的时候心潮澎湃，从方案细节到整个施工过程都是全力以赴。

餐厅总面积545平方米，为了营造舒适轻松的就餐氛围，一楼采用分区域布局方式，使每个区域相对独立起来，二楼采用双走廊划分整个空间，使原本单一的方正空间，变得灵活有趣起来。首先是入口处的独立门厅，开放且明亮，正对门的红砖和圆木同右边的吧台里的服务员，一起欢迎着每个进入餐厅的体验者。水晶灯和红砖的运用充分体现了时尚和古朴的完美结合，点明了餐厅的文化主题。一楼的就餐区，划分成为三个小区域，分别营造了不同的就餐氛围：A区临窗座位有圆形的窗洞，就餐者在就餐的同时可以欣赏过往的风景。B区墙面主要装饰是红砖，端头大幅油画绘制的是欧洲田园风光，让体验者在就餐的同时能够神游其中。C区划分独立，通过稍暗淡的灯光效果，营造了相对私密的空间感觉，是体验者私语、倾诉甚至亲密交往的空间场所。

EAGLE·COFFE

项目名称：香贝丹西餐厅　　主设计师：王玺　　参与设计：李明
设计单位：青海大木鼎盛装饰设计有限公司　　项目地点：青海西宁　　建筑面积：400平方米

香贝丹西餐厅

本案是一家西餐厅和红酒为主的餐厅，设计思想是古典与现代的结合体。整体具有欧洲复古风的同时，还具有现代材料和色彩的融合，烘托高雅的文化氛围和宁静的安逸环境。主材主要采用实木地板和仿古砖搭配，以现代的玻璃、金属和饰品达到客户期望的理想休闲就餐环境。

精致的细节、浪漫的色彩，无不让人有温暖、安静、闲适的体验，纯粹的空间呈现出多样的美，在延展空间的同时又让空间灵动。红酒的情调搭配精致的水晶灯，增加了空间的灵动性，灯光洒落，更显唯美。简约中的文化气息，让整个空间更有韵味与灵性，没有繁冗之感，给人的是开阔、轻松的感觉。

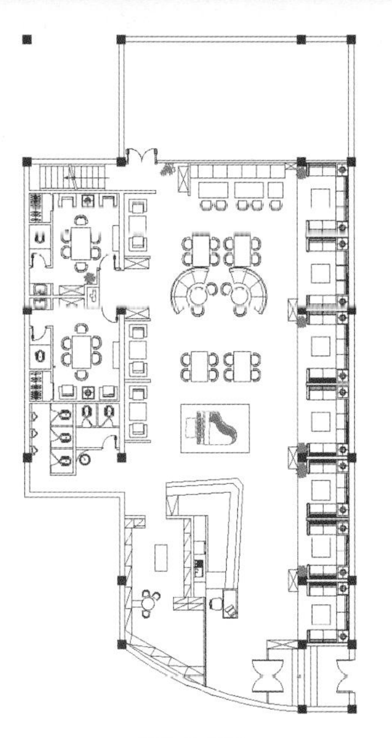

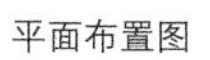

平面布置图

项目名称：怀旧——中西兼容　　设 计 师：陆文星　　设计单位：南京陆文星室内设计事务所

怀旧——中西兼容

该餐厅位于一栋高档写字楼内，经过设计师的精心设计，给人带来了怀旧的浪漫气息和中西文化完美融合的视觉享受。隔断上的彩绘玻璃、顶面的木雕花、欧式的古铜吊灯、绿色的中式南瓜灯……构成了一幅充满文化内涵的感性画面，为宾客带来了无与伦比的体验。

餐厅以时尚流行和别致稳定的元素构成一个很有趣味的空间，大面积单一的造型强烈地冲击着人们的视觉，内部设计手法简练、典雅、时尚，传达着城市的节奏。天花的处理简洁大方，更突显餐厅的干净整洁，给人留下深刻的印象。

本案拥有一个具有新东方韵味和西方雅致审美需求的空间，一个真正拥有海纳百川胸怀和风花雪月情愫的用餐环境，中西合璧风格一览无余，营造品味文化生活的舒适居所！

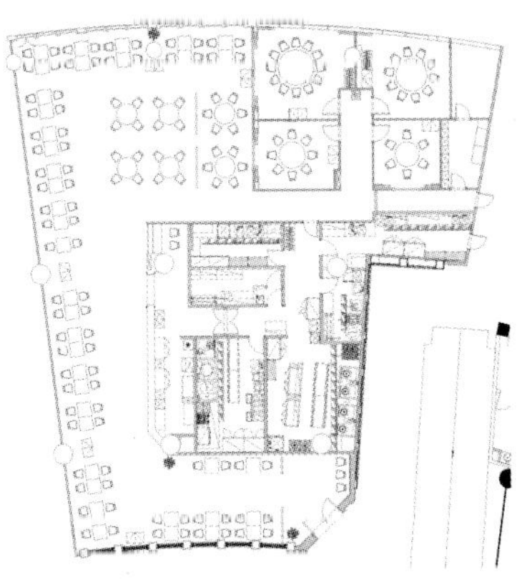

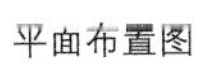

平面布置图

项目名称：雨花西餐厅深圳宝安店　　设 计 师：王锟　　设计单位：深圳市艺鼎装饰设计有限公司
项目地点：广东深圳　　建筑面积：约1062平方米

雨花西餐厅深圳宝安店

一次完美的美食之旅，除了有精致的美食，同时还要有与之相配的空间氛围。位于宝安的雨花西餐厅就能给各路食客带来这样的视觉味觉的双重满足。一走进这个暗色调的浪漫空间，现实的喧闹仿佛就被立即隔离开来，浮躁慢慢退却时，内心也缓缓趋于平静。位于餐厅主入口旁的酒窖给整个空间奠定了暧昧浪漫的主基调。

走过酒窖，绿意盎然扑面而来，绿色、环保作为当下最流行的元素，也是本案设计的一个重要语汇，设计师将主过道墙面用大片的仿真花草加以装饰，传递出绿色、健康的餐饮理念。主就餐区冷艳的黑色大理石铺陈地面，与细腻的绒布沙发搭配，力度与优雅在对比碰撞中营造出别样的美感。餐厅一隅，轻盈的蝴蝶悬嵌在晶莹剔透的玻璃墙内，在灯光的映射下，似翩翩起舞般。

如果说暧昧浪漫是这个空间的灵魂，那么充满几何美感的吧台则是这个空间的灵魂之眼。设计师运用各种形态的三角几何图形打造出一个充满后现代感的异形吧台。吧台上方数之不尽的小三角形叠加往复，环绕在吧台上空，各个顶点出的灯源仿佛漫天繁星镶嵌在与世隔绝的这片天地。

优雅的环境、缭绕的灯光、暧昧的气氛，身处“雨花”中，仿佛总有一丝心动萦绕其中。在其中品尝着美食，流转着情意，共度着属于彼此的美好难忘时光。

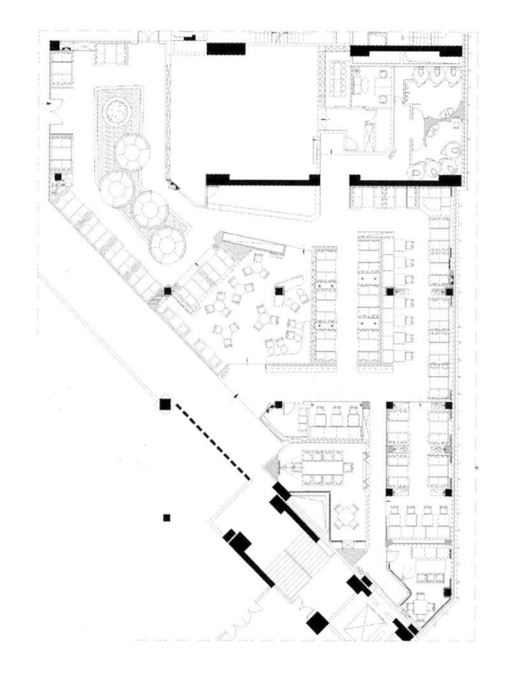

平面布置图

项目名称：雨花西餐厅惠州华贸店　　设 计 师：王锟　　参与设计：董霞、郑颖　　设计单位：深圳市艺鼎装饰设计有限公司
项目地点：广东惠州　　建筑面积：约438平方米　　主要材料：石材、木、烤漆玻璃等

雨花西餐厅惠州华贸店

本案是地处于惠州市惠城区的一家400多平方米的西餐厅，其目标消费人群为白领阶层，在设计上的总体原则为把握时代潮流，展现都市时尚，在西式西餐厅中注入一定的东方风情，并运用精巧的设计手法和简洁的材料营造出一种大气而又独温馨的就餐氛围。

设计师对空间进行合理的布局，餐厅可同时容纳近两百人就餐。餐厅地面分别用到石材和木材，无形中对餐厅进行了区域划分，可以更好对餐厅进行人流导向。本案仅规划了一个VIP包房，为了突出此区域的尊贵性，设计师创造性地将其设计成弧形的轮廓。包房整体就如同餐厅中陈列的一件艺术品，达到了实用性与观赏性的完美统一。

在灯光的使用上，设计师尽量采用暖黄色灯光和非直接照明灯光，以便营造出一种闲逸安适的环境氛围。在色调的选择上，本案大量使用深色系，以缓和大面积裸露天花带给人的空旷感。充满浪漫感的牡丹紫和高雅的孔雀蓝沙发椅点缀在这片沉静的空间中，浓浓的西式就餐氛围蓬勃散发。

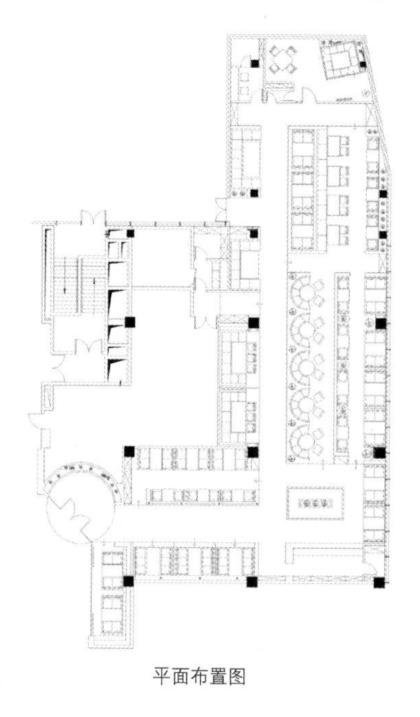

平面布置图

项目名称：上海老站摩尔城店　　设 计 师：熊华阳、马海　　设计单位：深圳市华空间设计顾问有限公司
建筑面积：200平方米　　主要材料：烤漆玻璃、木饰面、青砖

上海老站摩尔城店

“美其食必先美其器”。如今的消费者去就餐并非满足简单的吃饱，而更多地在追求一种消费体验，而环境正是满足消费者消费体验的最明显的体现。因此对于餐饮企业而言，必须要基于目标消费群的需求利益点，在就餐氛围、环境上下工夫，体现出品牌内涵，在消费者心目中留下“好品牌自己会说话”的良好口碑。

从中式餐饮环境的发展趋势来看，时尚化、西餐化成为一种潮流，但经典怀旧的餐厅设计也成为逆向市场的一种潮流，受消费者欢迎与追捧。这种餐饮时尚化很大程度满足了年轻顾客对就餐环境的需要和情感依托，精致、干净整洁……

中式餐饮“西式化”、“时尚化”环境是行业优化的结果，更是未来的发展趋势。由于满足了众多消费力更高的年轻消费群体，而成为时下众多中餐品牌赖以制胜的关键。可以说，餐厅设计成了这些餐饮品牌最强的销售力。

上海老站顾名思义是一家上海特色餐厅，而江浙菜在市面上可以说数不胜数，想在形式格调上拉上差距，胜人一等，不光要在文化上，更要在档次与时尚感方面达到一定档次，以此去实现完美的终端效益。于是上海老站在设计方案、用料方面，注重突显的不仅单纯是老上海特色文化元素，而注重走国际流行趋势的时尚路线。从鲜明的色彩、简约的线条、艺术的局部、精

美的细节……都独树一帜，是现今新特色餐厅流行风潮的解构，重组了中国传统经典民族文化。

材料的运用对装修的成败至关重要，因为材料不仅体现了文化的元素、装修的定位、格调与整体感觉，更因为材料对整个装修预算至关重要。而从上海老站的整个材料运用来看：从各单位的大理石、烤漆玻璃、铁艺装饰、自然风雅的砖墙，搭配以现代感的马赛克、浓重民族特色的装饰品，古朴与简约、连贯与错落有机地结合了现代与古典时尚的装修精髓，使民族风情更显耐人寻味之处。合理的设计方案与材料的恰当运用确能起到“钱半功倍”的效果。

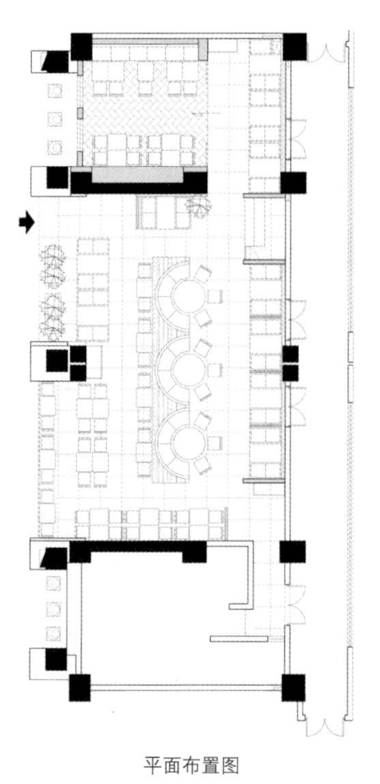

平面布置图

站
原汁原

项目名称：浅花涧　　设 计 师：王锟　　设计单位：深圳市艺鼎装饰设计有限公司
项目地点：广东深圳　　建筑面积：约450平方米

浅花涧

“掩月清浅花间酒，一缕箫音别样情”，这就是浅花涧名字的来历。本案一改四川火锅雷厉风行的犀利形象，整体格调高雅别致，随处流露着“温柔”的姿态，让人如沐春风，感受潺潺溪水、落英缤纷。

浅花涧从“乐活”的理念出发，使消费者享受一种健康、快乐、低碳的生活方式。墙顶天花绽放着色彩浓重、大气磅礴的巨型花蕾，给餐厅注入一股浓烈的艺术气息。餐厅一隅的木格包厢，好似一个个华美的鸟笼，很好地呼应了店内处处鸟语花香的情景，让“百鸟还巢”，静静品味雅趣火锅。堂内的倒置灯饰如同一朵朵绽放的白色莲花，能够平息四川火锅带来的心浮气躁。

浅花涧设计以荷花为主题，通过软装如灯饰等的设计与主题相呼应，达到如在莲中央的感觉。火锅本为热型餐厅，辅以莲的静雅，两者互补形成独特的餐厅效果。

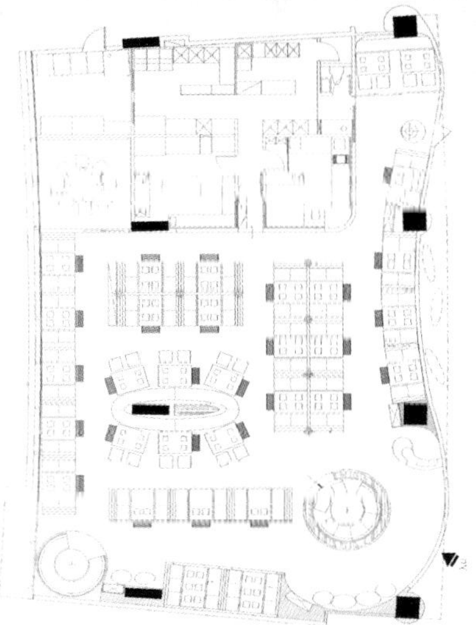

平面布置图

项目名称：鸿霖时尚餐厅　设 计 师：李浩澜　设计单位：浩澜设计事务所
项目地点：江苏南京　建筑面积：400平方米

鸿霖时尚餐厅

设计师一直负责着鸿霖时尚餐厅形形色色的连锁店的设计，每家都不尽相同。这次的想法是做一家年轻时尚一族喜欢的餐厅，既要让餐厅感觉“热闹”以彰显人气，又要相对保持每个餐位的安静与私密。用大面积的隔断作为空间的主题，以区分空间，是业主方与设计师一致的想法，也是达到“安静”最简单的做法。起初我们有些设计师担心过多的隔断会使空间显得过于琐碎，且达不到“热闹”的效果。经过几轮材料的选择和修改，最终确认了用大图案的烤漆雕花配合灰玻璃，且隔断不到顶的做法，这样既增强了空间的流动性，又满足了私密感。虽然最终的效果是“热闹”大于“安静”，远远没有达到设计师对安静的想象，但是这次尝试又给了设计师很多启示。一个闹市区的时尚餐厅一旦给路人的感觉是不热闹，那么导致的结果便是没人气，一旦人气上来了，气氛又没了。虽然仍有困惑，但此餐厅的设计给了设计师很多的启发。

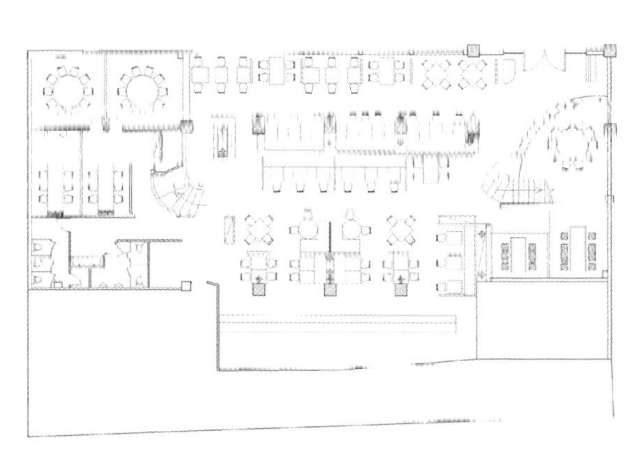

一楼平面布置图

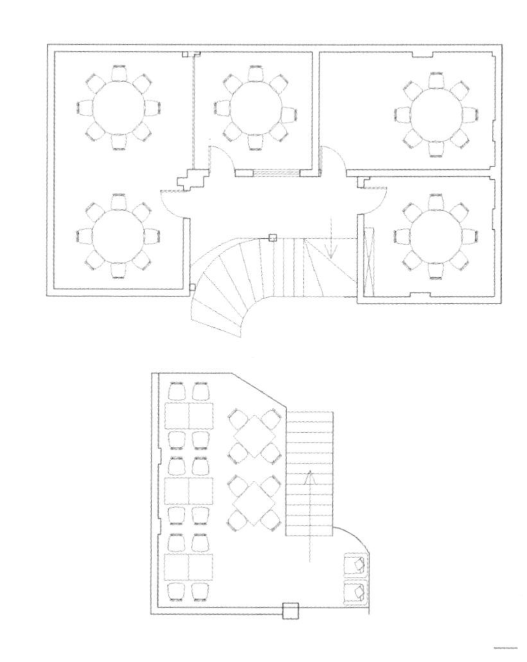

二楼平面布置图

项目名称：9.9in Pizza意式餐厅　设 计 师：蒋国兴　参与设计：唐振南、李海洋、邢建辉、蒋少友　设计单位：苏州叙品设计装饰工程有限公司
项目地点：新疆乌鲁木齐　建筑面积：950平方米　主要材料：进口花砖、红色通体砖、木地板、实木条、仿古砖、硅藻泥

9.9in Pizza意式餐厅

本案为混搭风格，将欧式田园与现代融为一体，利用最简单的造型和最朴质的材料表达出最美的效果。设计师并不主张追求高档豪华，而是力求个性独特、格调高雅而不失随兴舒适的环境。摒弃多余的饰品，简练的空间诠释出不乏奢华的基调。

作旧处理的木地板与红色通体砖的大面积使用，使得整个餐厅在个性时尚之余，多了几分的怀旧情怀。白色百叶窗与绿叶造型的隔断提亮了整体空间的清新感觉，使人在此用餐时更为舒畅。

耀眼的日光穿堂入室而来，窜动的光体在室内碰撞，家具之间的搭配，妆点出大器场域的时尚华美。慵懒午后的休闲时光中，在这里享受着意式美食，与三两好友作伴畅谈，人生乐事不过如此。

项目名称：阿度餐厅　设 计 师：曾伟坤、曾伟锋　设计单位：厦门一亩梁田装饰设计工程有限公司　项目地点：福建厦门
建筑面积：324平方米　主要材料：白色乳胶漆、黑金砂水泥、黑色人造石、亚克力雕刻　项目摄影：刘腾飞

阿度餐厅

整个餐厅空间的布局自然顺畅，色调以黑白色为主，局部蓝色与绿色为点缀。为了有个愉悦的就餐环境，设计师在餐厅设计中增加了许多趣味性，入口运用不同的白色梯度变化来增加单色调设计的维度，然后加入不规则椭圆形装饰，个性而又具有视觉冲击力。摒弃大型吊灯与墙壁鸟笼壁灯带来的视觉冲击，利用灯带与射灯烘托餐厅氛围，点、线、面恰到好处。

黑色的吊顶与白色餐椅，配合简洁的线条，勾勒出空间的细节与空间的张力。简单的材质，黑白的对话，结合柔和的灯光，使整个空间顿时变得富有趣味。生活的美好也许就从这短短的就餐时间里就能不经意的体会出来。

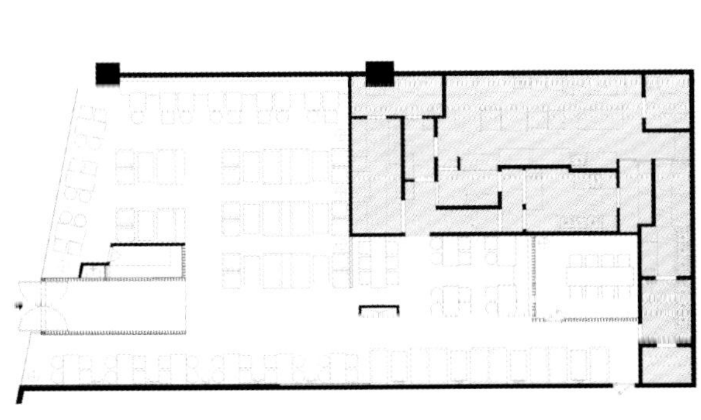

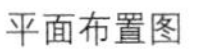

平面布置图

项目名称：玛丽奥时尚休闲餐厅　设 计 师：陈凤清　设计单位：艾迪室内设计事务所　项目地点：福建福州
建筑面积：450平方米　主要材料：防火板、镜面、墙纸、不锈钢　项目摄影：施凯

玛丽奥时尚休闲餐厅

一种细腻、含蓄；一种热情、张扬，两种不同时代的文化和情怀，却在同一个空间中得到融合，渗透的色彩魅力细腻而含蓄地延展到整体空间，在协调、简约中透视张弛之道。

设计师充分利用简单的材质，色彩的对比，以及夸张的视觉图案，结合点、光源的使用，使整个空间顿时变得富有趣味。黑与白的对话，蓝与绿的点缀，热烈与静然的述说，都通过空间的变化而转变，生活的美好也许就在这短短的就餐时间里不经意地体现出来。整个设计营造出甜美的浪漫气息，它不强调材料的奢华和金银的堆砌，而是重在通过有意味的形式表达出设计师对餐饮文化内涵的深刻理解和把握。

出口
EXIT

项目名称：Provence法式餐厅　设 计 师：杨焕生、郭士豪　设计单位：杨焕生建筑室内设计事务所
项目地点：台湾台中　建筑面积：200平方米　主要材料：木纹砖、大理石、铁件、文化石、植生墙

Provence法式餐厅

在夏夜，步行于台中市美术园道上，你将发现另一个不一样的风景，宛若观望一幕绚丽的窗景。窗内热络气氛，传递出分享当下的生活态度。

设计思考朝向建构一座7.5米高白色城堡，城墙柱列为空间建构出高大的秩序，坚硬表材下却拥有绿篱般20米长绿墙由大门起始点，顺延建筑物间隙流入贯穿全室，传达本案扮演区域地标的企图，演绎街景独特风貌。

空间铺陈以时尚摩登基调，并以西方元素作为构思泉源，取原古典饰板美感，淬炼出简约法式线条，纹理像似涟漪般扩散，漫覆于天花板、喷砂玻璃中，以整齐的量化姿态创造惊艳的视觉感受。

室内置入屏风玻璃，铁件形式镂空区隔空间，当光线从镂空透出，模糊色泽与材质语汇，结合既有镂空屋架系统， 演绎当代与古典、乡村语汇与时尚和谐共鸣的乐章。

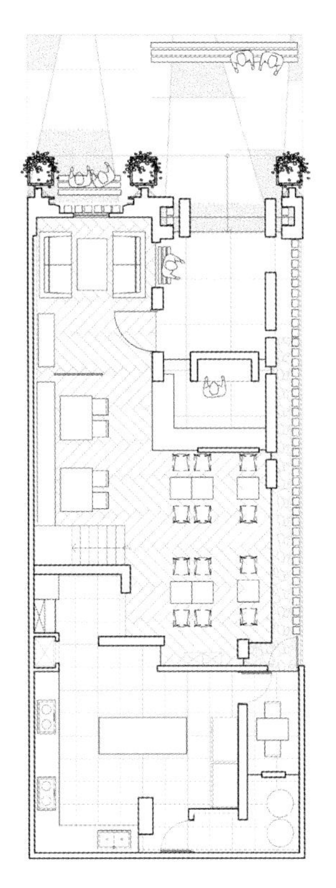

一楼平面布置图

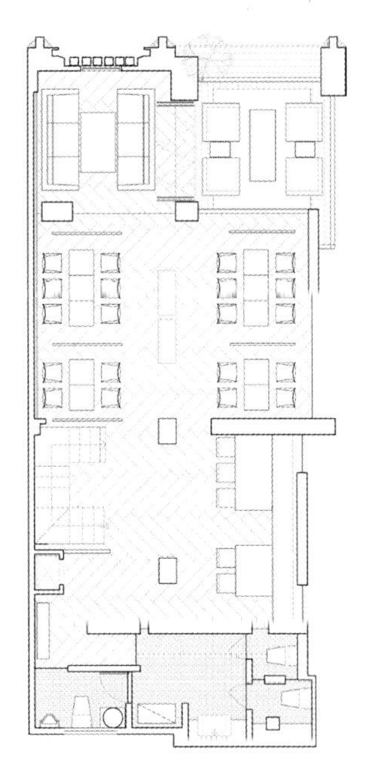

二楼平面布置图

项目名称：泛亚特色餐厅
项目地点：浙江杭州
设 计 师：郑仕樑
建筑面积：395平方米
设计单位：郑仕樑室内设计（上海）有限公司

泛亚特色餐厅

泛亚特色餐厅位于杭州千岛湖希尔顿酒店的地下二层，设计面积约395平方米与相邻的全日餐厅形成鲜明的对比，有着浓重的东南亚原始风格并透出现代的时尚。无论是墙体还是天花，用斑马木和米色洞石相结合，传统与条纹相对应，显示出现代与传统的冲击。酒吧用“酷”字表达一点也不为过，大胆采用了蓝色、虎黄、灰色和米色，形成了强烈的对比，吧台用红色玛瑙把现代的时尚恰当的融入其中；用餐处的地灯和木制珠帘又有着明显的东南亚风情；餐桌上方的水漂灯让人感觉身处东南亚度假的悠闲；吧台的水银泡灯造型时尚加上新颖的服务台又让人似乎处在时尚的景致中；入口的东南亚屏风、花瓶与工艺品层架上的泰国、越南工艺品相得益彰；条纹的挂画与餐厅本身的条纹大理石用形状和颜色表达着其中的艺术性。享受着异域美食的同时，仿佛到了东南亚的度假圣地，充满着悠闲与艺术的气息。

项目名称：又及餐厅　设 计 师：利旭恒、赵爽、郑雅楠　设计单位：古鲁奇公司　项目地点：中国北京
项目面积：850平方米　主要材料：大理石、铝板、地毯、玻璃　项目摄影：孙翔宇

又及餐厅

位于北京中关村的又及餐厅唤起人们对校园食堂的回忆，柔和的绿色系色彩和天然的大理石如同一个有机的调色盘，为刚刚踏出校园的年轻学子们提供心灵加油站，即一个闹中取静的幸福空间。

设计师的概念是在600平方米的空间中规划成5个功能区块，除了厨房，吧台等基本后场之外，所有的外场用餐区域以环境心理学的模式呈现，每个面向喧嚣都会为主的景观用餐区都被赋予独特的调色盘与窗口来帮助人们审读自我，同时透过窗口静观这纷扰的城市，为不同的人们创造一个属于他们自己的心灵加油站。

设计师认为，对于现代时尚餐饮空间的设计，食客心理因素要优先于生理因素来考虑，特别是在繁华的都会中心，用餐当然绝对不只是纯粹的生理行为，更多的是心理学的反射。每当用餐时刻，人们思考的除了美食之外，同时也在选择一个能让身心完全放松的空间，在饱餐一顿的时候也能恢复良好的精神状态。设计师针对都会商业区白领族群的用餐心理， 精心布局四个属性独特的餐区，各个风格相同手法相异。餐区之间非常注意颜色与材料的运用，小阁楼餐区为全绿色空间，白色的楼梯通天隐喻人们努力向上的必要性，躺坐在小阁楼餐区的沙发上，搭配一杯热奶茶， 绝对独享属于自己的身心避风港。

图书在版编目(CIP)数据

魅力室内空间设计160例：西餐厅 / 徐宾宾主编
——北京：中国建筑工业出版社，2013.7
ISBN 978-7-112-15454-8

Ⅰ. ①魅… Ⅱ. ①徐… Ⅲ. ①西式菜肴—餐馆—室内装饰设计—世界—图集 Ⅳ. ①TU238—64

中国版本图书馆CIP数据核字(2013)第108269号

责任编辑：费海玲 马 彦
责任校对：姜小莲 关 健

魅力室内空间设计160例

西餐厅

深圳市创扬文化传播有限公司 策划
徐宾宾 主编

*
中国建筑工业出版社出版、发行（北京西郊百万庄）
各地新华书店、建筑书店经销
北京盛通印刷股份有限公司印刷
*
开本：889×1194毫米 1/20 印张：6 字数：200千字
2014年4月第一版 2014年4月第一次印刷
定价：48.00元
ISBN 978-7-112－15454－8

（24033）